현대의학으로

〈내 몸을 살리는〉 시리즈를 통해 명쾌한 해답과 함께,
건강을 지키는 새로운 치료법을 배워보자.

건강을 잃으면 모두를 잃습니다. 그럼에도 시간에 쫓기는 현대인들에게 건강
은 중요하지만 지키기 어려운 것이 되어버렸습니다. 질 나쁜 식사와 불규칙한
생활습관, 나날이 더해가는 환경오염…… 게다가 막상 질병에 걸리면 병원을
찾는 것 외에는 도리가 없다고 생각해버리는 분들이 많습니다.

상표등록(제 40-0924657) 되어있는 〈내 몸을 살리는〉 시리즈는 의사와 약사,
다이어트 전문가, 대체의학 전문가 등 각계 건강 전문가들이 다양한 치료법과
식품들을 엄중히 선별해 그 효능 등을 입증하고, 이를 일상에 쉽게 적용할 수
있도록 핵심적 내용들만 선별해 집필하였습니다. 어렵게 읽는 건강 서적이 아
닌, 누구나 편안하게 머리맡에 꽂아두고 읽을 수 있는 건강 백과 서적이 바로
여기에 있습니다.

흔히 건강관리도 노력이라고 합니다. 건강한 것을 가까이 할수록 몸도 마음도
건강해집니다. 〈내 몸을 살리는〉 시리즈는 여러분이 궁금해 하시는 다양한
분야의 건강 지식은 물론, 어엿한 상표등록브랜드로서 고유의 가치와 철저한
기본을 통해 여러분들에게 올바른 건강 정보를 전달해드릴 것을 약속합니다.

내 몸을 살리는
글리코영양소

이주영 지음

모아북스
MOABOOKS

저자 소개

이주영 e-mail:jylee53@gmail.com

미국 버지니아대학에서 경영학 박사와 윌리엄앤매리대학 법학박사(JD-MBA), 경영학 석사를 취득했다. 현재 미국변호사 활동과 국내에서는 변호사, 법원분쟁조정위원을 겸임하고 건강에 대한 관심과 함께 글리코영양소에 대한 전문 컨설턴트로 활동하고 있다. 또한 세계 3대 인명사전에 등재되기도 했다.

내 몸을 살리는 글리코영양소

초판 1쇄 인쇄	2015년 07월 03일	**3쇄** 발행	2020년 02월 15일
2쇄 발행	2015년 08월 05일		

지은이	이주영
발행인	이용길
발행처	**모아북스** MOABOOKS

관리	정윤
디자인	이룸

출판등록번호	제 10-1857호
등록일자	1999. 11. 15
등록된 곳	경기도 고양시 일산동구 호수로(백석동) 358-25 동문타워 2차 519호
대표 전화	0505-627-9784
팩스	031-902-5236
홈페이지	www.moabooks.com
이메일	moabooks@hanmail.net
ISBN	979-11-86165-69 -0 03570

모아북스 는 독자 여러분의 다양한 원고를 기다리고 있습니다.
(보내실 곳 : moabooks@hanmail.net)

난치병에 종지부를 찍다

건강한 삶, 높은 삶의 질은 누구나 원하는 소망이다. 삶의 질이란 단순히 생존해 있는 것을 넘어 질병으로부터 자유롭고 주어진 열악한 환경 속에서 무난히 적응하고 살아가는 것을 뜻한다. 그러나 현대의 환경은 우리에게 높은 질의 삶을 허락하지 않는다. 치열한 경쟁사회에서 적응하려다 보니 우리가 가진 에너지는 늘 부족하고, 일상 또한 건강한 삶과는 상반된 것들뿐이며, 결국 우리는 잠재된 위험을 감당하며 살아갈 수밖에 없다. 과도한 스트레스와 누적되는 피로에도 불구하고, 시간을 쪼개며 살다 보니 건강을 관리할 시간조차 없고, 결국 이 열악한 조건들이 누적되어 질병으로 이어지는 것이다.

물론 규칙적인 운동과 충분한 영양섭취가 적지 않은 대

안이라는 사실을 모르는 사람은 없을 것이다. 그러나 열악한 환경과 조건 안에서 이를 실천하기란 결코 쉽지 않다. 그럼에도 힘든 삶 속에서 우리의 일상을 바꾸기 위해 노력하는 것만이 건강을 지키는 길일지 모른다.

같은 맥락에서 많은 의료인들이 평상시 약간의 관리만으로도 심각한 질병을 피할 수 있다고 입을 모은다는 사실은 큰 시사점을 가진다.

여기서 말하는 평상시 관리란 어려운 것만은 아니다. 균형 있는 영양섭취와 일상적인 운동, 긍정적인 마음자세가 바로 그것이다. 물론 쫓기듯 살아가는 삶 속에서 좋은 음식을 적절하게 섭취하고, 땀을 흘리며 운동하며 여가를 즐기는 것은 매우 힘들다.

그래서 우리에게 주어진 몇 가지 안 되는 대안 중에서, 선택과 집중을 활용해 효율적이고 효과적안 대안을 찾아야 할 것이다. 그리고 그 최초 출발점은 식단의 개선, 즉 필요한 영양분을 섭취하는 것이 될 것이며, 이것이 만족된 뒤에야 순차적으로 건강을 유지하기 위한 다음 순차를 선택할 수 있다.

글리코영양소의 놀라운 세계

이 책은 흔히 당영양소(Glyconutrients)라고 불리는 글리코영양소가 우리의 건강유지에 핵심적인 대안이 될 수 있을 것이라는 기대를 염두에 두고 썼다. 다양한 연구와 실험 그리고 실제 이 당영양소를 섭취하고 있는 많은 사람들의 사례를 통하여 글리코영양소가 세포의 건강과 밀접한 관계가 있다는 사실이 밝혀지고 있기 때문이다.

최근 선진국들을 중심으로 연구가 활성화되고 있는 영양유전체학(Nutrigenomics)은 영양환경과 세포 혹은 유전자 프로세스와의 접점을 찾는 학문으로, 적절한 영양분은 유전적 요인으로 인한 질병의 해결에도 현실적인 대안이 될 수 있다는 전제로 출발했다. 글리코영양소가 세포의 건강을 지원하는 영양분임을 확인시켜준 여러 과학적 증거는, 건강을 염려하고, 각종 질환으로부터 회복하려고 노력하는 우리들에게 결코 간과할 수 없는 중요한 대안 중에 하나다. 우리 인체가 스스로 질병에서 회복될 수 있는 에너지를 공급하는 이 영양소의 작동 메커니즘이야말로 문제의 해결방법이기 때문이다.

"창조주는 우리의 건강을 유지하고 질병에서 회복하기 위해 필요한 것들을 자연 속에 남겨두었다. 그러므로 과학의 도전은 바로 그것을 찾아내는 것이다"라는 파라셀수스(Paracelsus,16th Cent. Ad)의 말은 이 영양소의 가치를 기대하게 만든다.

가장 먼저 이 책을, 질병으로 고통 받는 사랑하는 이웃에게 이 책을 권하고 싶다. 몸이 건강해야 치료도 받을 수 있다는 말처럼, 설사 질병에 걸렸더라도 치료를 포기하지 않기를 권한다. 특히 영양소는 다양한 치료와 더불어 활용할 때 최대한의 효과를 가지는 만큼 질병으로 고통 받는 많은 분들이 이 책을 통해 건강이 회복 될 수 있기를 바랍니다.

이주영

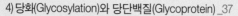

3장 내 몸을 살리는, 글리코영양소

4장 글리코영양소, 무엇이든 물어보세요

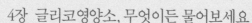

1장 현대의학과 영양학의 패러다임

1) 무너져가는 세포 건강의 위협

영양의 문제가 각종 질병과 관계가 있다는 사실은 오래 전부터 확인되어온 사실이나, 특정 영양소 외에는 구체적인 인과관계는 찾지 못한 것이 사실이다.

그러나 최근 들어 인체 생물학과 의학의 다양한 연구 결과에 의하여 거의 모든 질병은 세포의 손상에서 비롯된다는 점이 밝혀졌다.

세포는 우리 몸을 이루는 가장 기본적인 단위인 만큼, 세포가 손상되면 인체의 모든 조직과 기관 등도 손상 될 수밖에 없다. 즉 질병은 세포가 손상되어 제 기능을 하지 못함으로써 발생하는 결과이다.

건강을 위해 세포의 면역기능을 알아야 한다

인체의 세포는 일정한 주기마다 교체를 반복한다. 일반적으로 세포의 교체 주기는 1초에 수천 개, 하루에 수천만 개에 달한다. 이때 세포 교체 주기에 맞춰 충분한 영양소가 체내에 축적되어 있는 건강한 상태라면, 건강한 세포는 지속적으로 대체되고 손상된 세포는 회복되고 오래된 세포는 사멸된다.

반대로 세포 복제에 충분한 영양소가 구비되지 않은 상태라면, 새로 만들어지는 세포가 불완전한 상태로 복제되는 것이다. 이처럼 불완전한 상태로 복제된 세포는 제 기능을 하지 못해 신진대사에 영향을 미치고, 이것이 결과적으로 질병을 유발하는 원인이 될 수 있다.

나아가 세포들은 형태와 기능은 부위별로 다르지만, 공통된 특징이 있다. 하나의 세포는 세포의 모든 대사 활동을 조절하며 생명활동의 중심이 되는 핵(DNA포함)과 세포를 외부로부터 보호하고 세포의 모양을 유지하는 세포막과 몸 안으로 들어온 음식물을 통해서 에너지원인 ATP를 합성하는 미토콘드리아와 물질의 합성과 수송 및 분해를 담당하는 골지체등으로 되어있다.

세포가 건강할 때 정상적인 복제와 면역기능을 수행하면 암세포나 다른 손상 세포들이 생겨나도 정상적인 사멸과정을 거쳐 제거되므로 질병에 걸리지 않는 것이다. 실제로 암세포는 암 환자들에게만 생기는 것이 아니라 일상 속의 여러 위해 유해요소들로 인해 건강한 사람도 하루에 수천 개의 암세포가 생긴다. 세포의 면역기능이 제대로 작동하게 되면 이 암세포를 제거하는 것이 가능하다.

식습관이 예방이다

대부분의 질환은 우리가 음식물에서 얻는 영양분의 부족 내지 결핍과 산화스트레스와 같은 외부로부터 오는 세포손상 요인으로 발생된다. 그렇기 때문에 세포의 면역기능의 항상성을 유지하기 위해서는 충분한 영양분 섭취가 반드시 필요하다.

세포에 필요한 대표적인 물질로는 단백질과 당, 지방, 미네랄, 비타민 등을 들 수 있는데, 건강한 식탁만 유지하면 얼마든지 섭취할 수 있다.

그럼에도 여러 가지 일상의 이유로 생명 현상을 유지하는데 많은 이들은 식생활을 소홀히 하고 있다. 이러한 불균형한 식단은 여러 가지 심각한 질병의 원인이 되고 있다.

2) 식단이 문제다

우리는 음식에서 에너지를 얻고, 면역기능을 유지하고 강화하여 질병을 고치기도 하지만, 반대로 먹는 음식을 통해 질병을 얻기도 한다. 균형 있는 영양분의 섭취는 우리의 생로병사와 깊은 연관이 있다. 하지만 최근에는 값싼 원료와 첨가물로 만들어낸 인스턴트식품이 범람하고, 농약과 비료로 키워낸 야채가 식탁을 점령했다. 예전처럼 건강한 먹거리를 찾기 힘들어진 것이다.

식탁의 오염을 인식하자

식품의 산업화는 식품의 원료부터 가공까지 다양한 오염과 핵심 영양분 손실을 발생시킨다. 이처럼 식품 산업화가 건강을 위협하는 심각한 이슈로 다루어지고 있음에도 시장 메커니즘 속에는 소비자의 정당한 권리주장이 힘을 발휘할 수 없는 것이 사실이다. 때문에 이런 미결의 문제가 영양불균형으로 인한 질환들을 증가시키는 원인이 되고 있다.

한 예로 첨가물이 들어간 인스턴트식품이나, 비료나 살충제로 재배된 야채와, 항생제로 사육된 육류 등은 영양의 결핍뿐만 아니라 인체에 치명적인 독소를 유발한다. 더 큰 문제는 건강을 염려하고 질병을 예방하려 해도, 우리에게 주어진 환경 자체가 참으로 극복하기 어렵다는 점이다.

균형 잡힌 식생활을 위해 해야 할 일들은 무엇인가?

식생활 개선을 위한 움직임들이 활발하게 이루어지고, 균형 있는 영양 섭취의 중요성을 알고 이를 실천하는 다양한 노력이 진행되고 있다. 식단의 문제는 중요한 사회이슈로 다루어지고 다양한 시민운동을 통하여 문제해결의 요구가 있지만, 식품을 제공하고 있는 기업을 움직일 만한 역동적인 사회운동은 미미한 상태다.

식생활 개선과 관련해 가장 활발한 움직임을 국가적 차원에서 전개하는 나라가 바로 미국이다. 미국은 무려 15년 전에 이미 동양의 건강 식단을 받아들여 이를 국민들에게 권장한 바 있고, 최근에는 지중해와 제3세계의 식단을 권장 식단으로 받아들인 바 있다.

3) 부족한 영양소, 어떻게 할 것인가?

영양분의 부족과 불균형의 문제 해결 노력은 학계를 포함하여 사회의 다양한 분야의 참여 가운데 진행되어 왔지만, 아직도 미완의 문제로 남아 있다. 나아가 앞으로는 이같은 영양 부족과 고갈 상태가 더 심해질 것이라는 전망이 우세하다는 점이다.

토양 영양소의 고갈

특히 영양 부족의 가장 치명적 원인 중에 하나는 토양의 황폐에 의한 영양소의 고갈이다. 농경시대와 산업시대를 거치면서 같은 토양에서 지나친 경작을 반복한 결과 우리의 토양은 영양소 고갈에 이르렀고, 이것이 수확된 농작물에도 영향을 미치는 것이다. 황폐한 토양의 개선에 동원되는 방법은 일부 개선의 효과가 있으나, 이러한 개선은 다른 환경문제를 유발하여, 일종의 제로섬 상황을 만드는 악순환을 반복시키는 요인이 되고 있다.

1960~1990년대 과일과 채소의 무기질 함량 평균 변화율

무기질	평균변화율(%)
칼슘	-29.82
철	-32
마그네슘	-21
인	-11.09
칼륨	-06.48

위의 표에서 볼 수 있듯이 상업적 농업이 시작된 이후 토양의 영양소는 많게는 30%, 적게는 10% 정도 감소했다. 과거에 100그램의 음식물로 섭취할 수 있었던 일부 무기질을 섭취하기 위하여 300그램을 섭취해야 한다는 의미다. 단순한 양의 증가로 섭취하는 칼로리는 높아진 반면 핵심 영양분의 부족과 영양 불균형은 악화되었다.

영양을 섭취하는 또 다른 방법은 무엇인가

가능하면 유기농 식단으로 손실된 영양소를 보충하고, 부족한 영양소를 보충할 수 있는 대안을 찾으라는 건강전문가 스테판 보이드 박사(Dr. Stephen Boyd 스코틀랜드 글래스고 화학박사 취득)의 조언은 영양불균형 시대에 우리

가 할 수 있는 대안이 무엇인가를 말해준다.

최근 수많은 영양제나 건강기능식품들이 우리의 식탁 위에 놓여 있다. 이것들은 영양불균형이 자칫 질병으로 이어질 수 있는 지금의 상황에서 우리가 찾아볼 수 있는 최고의 대안이다.

하지만 아직도 비타민과 미네랄 위주의 식품 섭취는 건강에 대한 인식의 한계다. 그렇다면 건강을 위해서는 어떤 영양소에 주목해야 하며, 장기적인 건강관리를 위해 필요한 영양소는 무엇인지도 살펴봐야 한다.

4) 세포 건강은 글리코영양소에 있다

세포의 건강이 건강 유지와 질병 예방의 핵심이라는 과학자들의 연구결과에 따라 우선적으로 섭취해야 할 영양분들이 무엇인지 관심이 커지고 있다.

세포가 우리 인체의 단순한 구성요소가 아니라 생명을 유지하게 하는 구체적인 기능이 밝혀지면서 세포에 도움이 되는 영양소야말로 선택이 아니라 필수라는 인식이 자라나기 시작한 것이다.

세포교신과 건강

지금껏 밝혀진 세포의 기능 중에 세포의 커뮤니케이션은 우리의 건강을 좌우하는 핵심적인 것이다. 따라서 이 세포 교신 기능의 원만한 수행을 위한 핵심 영양분을 찾는 것은 세포의 기능 확인과 동일한 비중의 연구 과제가 된 것이다.

생명분자학의 네 가지 주요 분야는 단백질, 핵산, 지방 및 탄수화물이다. 과학자들은 오랜 시간 단백질이 주요 커뮤니케이션 분자라고 보고 연구에 몰두해 왔다. 그러나 모든 메시지를 신체 내부에 전달하는 데 단백질 합성은 부족하다는 결론에 이르렀고, 세포의 화학적 반응에서 찾아낸 다양한 생화학적 과정을 규명하기 위해 많은 연구를 진행한 결과 당영양소를 발견했다.

글리코영양소의 발견

단백질 분자 및 탄수화물 분자가 합성된 글리코단백질에 대한 연구는 1960년대에 처음 시작되어, 곧 글리코단백질의 핵심물질이 글리코영양소라는 사실이 밝혀졌다. 이어

1990년대가 되자 글리코영양소가 세포에 막대한 영향을 미친다는 사실이 처음으로 밝혀졌고, 이에 대한 사실이 공식적으로 인정되면서 많은 생화학자, 물리학자, 의학자들이 글리코영양소 연구에 참여하게 됐다.

나아가 당단백질로 작동하는 세포 간 대화와 인식 등의 메커니즘은 노벨의학상 연구논문에도 응용되고 있으며, 특히 1999년 노벨의학상 수상자인 군터 브로벨 박사는 세포 간 대화에 필수적인 부호화된 분자를 사용하는 단백질을 발견하는 등 의학자들은 당영양소에 대한 발견을 "의학계 100여 년 역사 중에 가장 중요한 혁명"이라고 표현하며 글리코영양소의 가치를 평가하고 있다.

5) 150개의 특허를 획득한 글리코영양소 세계 과학 저널에 발표되다

의학계의 혁명, 제3의 생명코드로 일컬어지며 세계적으로 그 존재가 입증되고 있는 글리코영양소는 특허로서도 그 가치를 발휘한다.

미국의 가장 권위 있는 과학 저널인 사이언스(Science)는 2007년 11월호에 글리코영양소에 대해 학계와 관련 산업계의 찬반 등의 다양한 평가와 함께 매나테크사를 글리코영양소 부분의 최종 선두주자로 게재하였다.

2004년에 MIT는 개교 이래 최초 매나테크사를 초청하여 교내에 홍보용 부스설치를 허용하였고, 하퍼 생화학 교과서의 저자인 머레이 박사(Robert K. Murray MD, Phd)로 하여금 직접 당영양소와 관련한 학술 발표를 할 수 있도록 기회를 제공했다.

이 발표는 당영양소의 가치와 중요성을 널리 알리는 중요한 계기가 된 바 있다.

세계를 바꿀 10대 신기술

1996년도부터는 미국 의과대학 필수 교재인 〈하퍼의 생화학〉 교과서에 당단백질을 생합성하기 위해서는 글리코영양소가 반드시 필요하다는 사실을 실었다.

나아가 2000년대에 들어서는 미국 웨이즈맨 인스튜티드(Weisman Institude)의 이론수학자가 우리 몸 세포에서 전달되는 화학적 명령 신호의 스피드와 단백질 분자의 수를

계산해냈으며, 세포를 감싸고 있는 세포 간 의사전달에 요구되는 성분이 잘 알려진 구성 성분인 단백질만으로는 불충분하며, 탄수화물 분자가 8개의 당분 구조로 세포 표면에 존재한다는 사실을 밝혀냈다. 또한 2003년에는 MIT 공대가 발행하는 〈테크니컬 리뷰〉에서 당학을 '세계를 바꿀 10대 신기술'에 선정하였다.

세계적인 과학 저널지들이 주목한 글리코영양소에 대한 소개

- 1995년 《네이처》: 세포 표면의 당이 세포의 이동과 염증 과정에 관여한다는 내용이 소개된 바 있다.

- 2001년 《사이언스》: 무려 42쪽을 할애해 '탄수화물과 당 생물학에 대한 정보'를 소개했다.

- 2002년 《사이언티픽 아메리칸》 '세포 표면의 당이 생명유지를 위해 어떤 기능을 하는지'에 대해 자세하게 게재되었다.

- 2003년 《MIT 테크놀로지 인사이더》 단백질에 당성분이 결합되면서 실제 기능이 활성화된다.는 사실을 게재했다.

- 《하퍼의 생화학》(로버트 머레이 외 3명 공저): 세포 간 교신과 질병과 관련해 글리코영양소의 중요성을 언급했다.

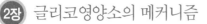 **2장** 글리코영양소의 메커니즘

1) 글리코영양소의 비밀

글리코영양소라고 부르는 당영양소는 각종 식물에 천연
적으로 존재하는 영양소로서, 건강기능식품 전문가들조차
잘 들어보지 못하거나 그 중요성을 인식하지 못하고 있는
영양소다. 반면 이 영양소는 수세기 동안 다양한 문화권에
서 치료용으로 사용되었는데, 한 예로 고대 사회에서부터
치료제로 사용되고 있는 알로에도 주요성분이 글리코영양
소이다. 또한 B.C.323 알렉산더 제국을 건설한 알렉산더 대
제는 동방원정을 위하여 알로에를 모아 전장의 부상자들의
치료용으로 사용했다는 기록이 있다.

이런 글리코영양소를 건강식품으로 만들어 제조된 것은

1996년의 일이다. 글리코영양소라는 단어는 '당분'을 나타내는 그리스어인 '글리코'에서 유래된 것이다. '당류'라는 용어는 당을 의미하는 화학용어로 사용되는 반면, 글리코영양소는 우리가 흔히 사용하는 당류와 혼동을 막기 위해 사용된다.

좋은 당과 나쁜 당의 관계성

당에는 두 가지 종류, 즉 좋은 당류와 나쁜 당류가 있다. 그 중 하나는 이미 오랜 세월 사람의 질병과 연관되어 있는 정제된 일반적인 설탕이며, 다른 하나는 과일이나 채소에서 찾을 수 있는 당이다. 이 정제되지 않은 내세포 설탕을 '복합탄수화물(complex carbohydrates)'이라고 부르는데, 이것이 바로 글리코영양소다.

흔히 탄수화물의 과잉섭취는 성인병을 야기한다고 알려져 있다. 이런 문제점이 부각되면서, 포도당이 전환 과정을 거쳐 생합성되는 8가지 단당류에 대해서도 역시 같은 맥락으로 이해하는 이들이 많았고, 이 8가지 단당류가 에너지원으로만 사용된다는 오해로 인해 '탄수화물은 즉 포도당'이라는 인식이 만연했다. 또한 탄수화물(포도당)은 다양한 식품을 통하여 섭취되어 왔기 때문에, 특별한 관심의 주제가 되지 못해왔다.

특히 8가지 단당류는 단지 체내에서 생합성방식을 통해서 만들어지는 것만을 인정한 반면 동일분자 구조의 식물로써 섭취할 수 있다는 사실에 관심을 둔 연구는 전무한 상태였다. 실로 얼마 전까지만 해도 탄수화물(곡식을 통해서)은 우리 몸속에서 소화되어 단순히 에너지가 된다고 알고 있었다. 그러나 최근 과학이 발달하면서 탄수화물 중에 약 200종류의 단당류(monosaccharides)를 찾아냈고, 그 중에 8가지의 특수 생물학적 기능을 가진 당들은 우리 몸의 모든 세포의 정상 기능에 반드시 필요하다는 사실을 발견했다.

8가지 단당류의 발견

1970년대에 들어오면서, 포도당 외 다른 탄수화물의 역할을 확인하기 시작하였고, 1980년대 전자현미경의 등장으로 세포의 표면에 부착된 여러 종류의 단당류를 확인하게 되었다. 그러나 당시에도 성분분석기가 존재하지 않기 때문에, 세포표면에 붙어있는 여러 가지 단당류는 90년대 초에 이르러서야 8가지 당이란 사실이 확인

되어, 로버트 머레이(Robert Murray)박사가 "하퍼 생화학" 1996년 판에 인체의 당단백질에 존재하는 8가지의 단당류를 분류하게 되었고, 세포의 대화에 필수물질이 8당이라는 사실이 확인 되었다. 8가지 당이 우리 식생활에서 부족한 것을 보충해주어, 우리 몸 안에 있는 모든 세포가 서로 의사소통을 할 수 있도록 하고, 이것이 우리 건강에 매우 중요한 역할을 한다는 사실을 발견하고, 수많은 과학적 자료가 이 사실을 증명하고 있다. 당영양소가 단백질과 결합되어 당단백질(glycoprotein)이 만들어지고, 이 당단백질에 포함되어 있는 당분이 우리의 몸 안에서 일어나는 모든 신진대사와 생물학적 기능을 가능케 한다는 사실을 알게 된 것이다. '

당영양소와 자가면역질환

1991년 존 호지슨(John Hodgson)은 그의 저서 『탄수화물의 문자화 Capitalizing on carbohydrates』(Biotechnology (N Y).1990 Feb ; 8(2) : 108-11:)에서 '거의 예외 없이 두 개 이상의 살아 있는 세포는 특별한 방법으로 상호작용을 하는데, 이 작용을 가능케 하는 것이 세포 표면의 당영양소임을 밝히고 있다. 특히 이 복합탄수화물은 사람 몸의 올바른 면역기능을 수행하는 데 필수적이다. 이와 관련해 호지슨은 세포가 암이나 자가면역질환처럼 사람 몸을 공격하기 시작한다는 것은 그 세포들의 표면에 있는 탄수화물 정보가 변경되었다는 것을 의미한다.'고 말하며 글리코영양소의 중요성을 강조했다.

인체 세포는(60~100조개의 세포) 각기 다른 비율로 새로운 세포와 대체된다. 예를 들면, 백혈구 세포는 6~7일 주기로 바뀌고, 적혈구 세포는 약 4개월마다 새 적혈구 세포로 교체된다. DNA와 대부분의 내부 장 기관의 세포가 새 세포로 교체되는 데는 약 6개월이 걸리고, 뼈 중에서도 대퇴골 세포는 9개월에서 몇 년이 걸리고, 뇌나 척추의 척수는 새 세포로 교체되는데 14개월이 걸린다.

이런 모든 것은 청사진 노릇을 하는 DNA의 통제 아래 이뤄지고, 메시지로서의 역할은 메신저 리보핵산이 역할을 한다(mRNA). 모든 세포의 표면에 있는 당단백질은 세포가 주는 메시지의 뜻을 알아내고 나서 화학적 신호를 적합한 수신자들(receptors: 당단백질)에게 보내 세포 차원에서 적절한 행동을 신속하게 취하도록 한다.

비타민과 미네랄은 우리 신체의 다양한 기능과 세포가

정상적인 기능을 하기 위한 필수영양소이다. 반면, 글리코영양소와 당단백질은 세포간 정보전달에 필수물질이다. 세포간 정보전달이 되지 않을 경우 필수영양소를 공급받지 못하게 되어 기능을 할 수 없게 되며, 우리는 건강을 유지할 수 없게 된다.

2) 당이란 무엇인가?

인체의 약 70%는 세포들로 구성되어 있다. 이들 세포들 하나하나는 세포막으로 격리되어 있어 각각 독자적으로 움직이는 것 같지만, 마치 우편번호와 같은 생명암호(biocode)를 통해서 세포가 서로 의사소통을 한다. 1999년 귄터 블로벨(Gunter Bloble) 박사는 이 사실을 발견함으로써 의학 부분 노벨상을 수상했는데, 그럼에도 세포 표면에 있는 당단백질이 상호작용해서 실제로 보낼 특별한 화학적 메시지를 만들어내는 것은 알지 못했다.

이 의사소통의 메커니즘이 드러난 것은 채 20여 년도 안 된 일로, 1988년대 옥스퍼드 대학의 드웩(Dr. RA Dwek)박사가 처음 당 생물학이란 용어를 옥스퍼드 사전에 명기 하며 본격적이 당생물학이 발전되기 시작하였다. 나아가 2002년 10월 미국의 존스 홉킨스 대학의 저명한 생화학자 제럴드 하트(Gerald Hart)박사는 "이 새로운 당생물학을 알아야 면역학, 신경학, 불치의 질병을 이해할 수 있다"고 선언한 바 있다.

당단백질과 당사슬

당생물학의 핵심 분야는 당학(Glycomics)으로, 당학은 유기체가 갖고 있는 탄수화물(Glycome), 즉 인체 속에 있는 당을 집중 연구하는 분야다.

아래 사진에서 보듯이 인체 세포 표면에 머리카락과 같은 것들이 무수히 돋아 있다. 그중 하나를 40만 배 확대하면 나무줄기 모양의 사슬들이 글리코영양소 8가지의 물질로 각기 다른 모양으로 합성된 모습을 볼 수 있는데, 이를 포괄적으로 당단백질(glycoprotein)이라고 부르고, 안테나처럼 올라와 있는 것을 당사슬이라고 부른다.

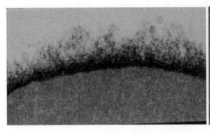

당사슬(머리털 모양의 복합당질 촉수)

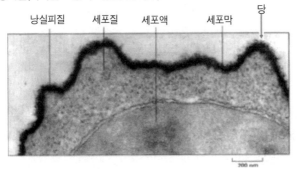

낭실피질　세포질　세포액　세포막　당

출처:www.griffith.edu.au

글리코영양소의 탄생

세포막의 구성물 요소인 단백질에 단당들이 결합되게 되면 당단백질이 되고, 세포막 표면(외벽)의 당질배합체

(glycoconjugate)는 의사전달과 인지기능을 담당한다. 이 단당들이 세포막 단당백질의 구성 성분임이 밝혀지자 연이어 8가지의 단당류들이 규명되고 단당류를 함유하고 있는 식물공급원을 찾기 위해 많은 연구와 노력이 진행되기 시작했다. 그 결과, 600여 가지 식물들을 대상으로 당의 함유 여부를 찾기 위한 노력이 이어지면서 마침내 글리코영양소의 구성 단당류와 분자구조가 같은 8개의 필수당이 포함된 식물들을 규명할 수 있었다. 글리코영양소는 바로 이 식물들에서 8개의 필수당분을 분리하고, 추출하고, 복잡한 과정을 통하여 정화시켜 안정화된 분말로 만든 것이다.

의과대학 교과서인 "하퍼의 생화학"은 56장부터 65장까지 당단백질에 대한 내용을 집필했는데, 8가지 필수 단당류가 특별한 세포의 간질(matrix), 근육신진대사, 면역시스템 등과 관련이 있다고 서술하고 있다. 나아가 당단백질을 구성하고 있는 탄수화물은 8가지 단당이며, 8가지 단당은 글루코오즈, 갈락토즈, 만노즈, 퓨코즈, 자일로즈, N-아세틸뉴라민산, N-아세틸갈락토사민, N-아세틸글루코사민임을 밝힌 바 있다.

세포의 정보 전달 메커니즘

세포간 정보전달은 아미노산을 통하여 이루어진다고 알려져 왔다. 그러나 기존의 이론에 의하면, 아미노산이 오직 두 가지 방법에 의해 결합될 수 있다는 점에서 한계가 있다. A와 B는 AB 또는 BA로 밖에는 결합되지 않는다.

그러나 글리코영양소는 링 구조를 가지고 있다. 탄소구조에 산소분자와 수소 분자가 결합된 구조를 갖고 있어서 당분이 거의 무한한 방법으로 결합될 수 있도록 해 준다. 이것이 복잡한 세포간 정보전달을 가능하게 해주는 최적의 도구가 되는 것이다. 이 복잡한 표현 방식을 통하여 세포와 세포 사이의 정보전달에 필요한 거의 모든 정보를 표현할 수 있게 되는 것이다.

3) 포도당유일론

포도당유일론은 포도당이나 혈당을 증가시키는 음식을

섭취하면 인체가 다양한 효소의 도움으로 포도당을 필요한 당영양소로 변환시킨다는 이론이다. 물론 포도당유일론도 부분적으로 옳을 수 있지만, 모든 사람에게 항상 적용될 수 있는 것이 아니며 특히 건강에 문제가 있는 사람들에게는 더욱 그렇다.

질병과 글리코영양소

포도당유일론은 우리 인체가 포도당을 적당한 형태의 당류로 변환시키는데 필요한 효소를 생산할 수 있다는 가정을 전제로 한다.

실로 인체가 포도당을 글리코영양소로 전환시키고 전달하는 데 관여하는 효소를 충분히 생산해 낸다고 믿는 과학자들이 많다.

그러나 당 생물학의 최고 권위자인 존 엑스포드(John Axford, MD)는 류마티스 질환을 갖고 있는 사람들을 관찰한 결과, 이들이 주요 글리코영양소를 전달하는 데 필요한 충분한 효소를 생성하지 못하고 있음을 확인했다.

슈가프린팅 기술 개발

이어서 그는 질병과 글리코영양소 결핍 사이에 상관관계를 밝혀내기 위하여 '슈가 프린팅(Sugar Printing)' 이라는 테스트 방법을 개발했는데, 이는 당의 섭취 전과 섭취 후 차이를 혈액 속에 잔류하고 있는 당을 수치 혹은 그래프로 표현하는 방법으로서 혈액 속의 글리코영양소에 대한 프린트 정보 통해 질병 진단을 가능하게 만드는 계기가 되었다.

엑스포드 박사는 이 슈가 프린팅을 통해 류마티스 관절염과 루프스를 포함한 류마티스 질환에서 글리코영양소인 갈락토오스를 용도에 맞게 전달시키는 효소와 당화의 관계를 연구했고, 그 결과 효소(galactosyl-transferase)와 갈락토오스가 건강한 사람에 비하여 류마티스 관절염과 루프스 환자의 경우 모두 낮다는 사실이 밝혀졌다.

또한 질병의 정도가 갈락토오즈의 결핍 정도와 밀접한 관계가 있다는 사실도 발견되었다.

글리코영양소는 질병을 치료하는 치료약이나 완화제가 아니다. 그러나 이 영양제를 보충제로 섭취하면 면역력이 높아져 자체 치유력이 강해진다. 즉 우리 몸이 스스로를 치유하고자 할 때 필요한 영양소를 공급해서 치유 기능을 최대한으로 발휘하도록 돕는 것이다.

한때 성공적인 임상 실험 결과에 힘입어 글리코영양소를 식품의약국(FDA)의 승인을 얻어 의학세계에 내어놓으려 했던 적이 있었다. 그러나 FDA 시험 결과 이 영양소는 독이 전혀 없는 것으로 밝혀졌다. 모든 약엔 독이 있고 부작용이 있으며, 아이러니하게도 독이 없다면 약이 될 수 없다. 모든 약은 1000마리의 실험용 동물들에게 투여되어 500마리가 죽을 때까지 그 용량을 늘인다. 그것을 LD50(Lethal Dose 치사량)이라 부른다. 그에 준하여 치료에 적합한 양을 결정하는 것이다. 또 식품의약국에서는 (P 450 Activity)라 불리는 시험을 한다. 약과의 상호반응관계를 시험하는 것이다.

당뇨병에 걸리면 인슐린을, 고혈압이면 혈압약을, 폐질환이면 호흡기약을, 자가면역질환이면 스테로이드 등을 사용하는데, 그런 약들과의 상호반응이 전혀 없는 것으로 확인되었기 때문에 FDA는 글리코영양소를 약이 아닌 식품으로 분류될 수밖에 없었다.

4) 당화(Glycosylation)와 당단백질(Glycoprotein)

당화란 효소에 의한 당의 단백질 혹은 지방과의 결합 과정을 뜻하며, 당단백질이란 세포 표면뿐만 아니라 세포 속에서 단백질과 글리코영양소가 결합해 만들어내는 물질로서 단백질에 당이 추가된 분자로 이해하면 된다.

당화로 인해 당화된 물질은 용해성(solubility), 점성(viscosity), 바인딩 특성(binding properties: 당은 단백질과 기타, 바이러스 박테리아, 인간의 세포의 분자와 점착)을 갖게 되는데, 세포간의 대화, 인지, 면역 기능 등 당단백질의 다양한 기능도 바로 이 8당이 단백질과 결합되는 당화 과정을 거쳐야만 작동할 수 있다.

아래의 이미지에 세포 일부분에서 돌출한 머리카락과 같은 것이 당단백질이다. 황금색 부분은 단백질이고 붉은 부분은 탄수화물 분자다.

세포의 당화과정

소포체(ENDOPLASMIC RETICULUM, ER) : 단백질 합성 및 당화 반응에 관여

골지체(GOLGI APPARATUS, GA) : 당화반응 및 단백질을 분류하여 세포기관으로 보냄

리소좀(LYSOSOMES) : 다양한 세포분자를 소화하는 효소를 포함

미토콘드리아(MITOCHONDRION) : 에너지 (ATP의 생산에 관여. 세포의 '파워 하우스).

핵(NUCLEUS) : 염색체와 ~ 25,000 유전자를 포함

세포막(PLASMA MEMBRANE PM) : 세포에서 분자의 출입을 제어하고 세포간 대화와 세포부착에 관여. 많은 복합 당질을 포함

리보솜(RIBOSOMES) : 단백질 합성에 관여. ER의 막에 결합

당단백질의 종류

당단백질은 세포간 교신을 담당하는 세렉틴(selectin), 면역을 담당하는 이뮤노글로뷰린 (immunoglobulin), 물질의 이동을 가능케 하는 트랜스퍼린(transferrin), 인체의 윤활유 역할을 하는 뮤신(mucin) 등으로, 이 당단백질은 그 밖에도 세포 접착, 수정, 신호 수신자들(receptors), 혈액응고 등에 관여한다. 나아가 세포 내 필요물질을 탐지하고 필요물질의 신호를 보내고 입출을 제어하는 렉틴(lectin)과 세포간

혹은 세포와 기관간 공간을 채우는 프로테오글리칸 (Proteoglycans)도 새롭게 그 중요성이 부각되고 있는 당단백질이다.

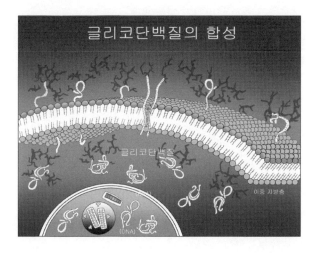

당단백질을 생성하기 위해서는 반드시 글리코영양소인 8당이 필요한데, 이 8가지 글리코영양소가 없으면 합성이 되지 않기 때문이다. 반면 많은 전 세계 연구가들은 이 8당이 풍부해 세포가 건강해지면, 다양한 불치병도 치료될 수 있다는 명제 아래 연구를 진행해왔다.

중요한 것은 이 8가지 중 6가지는 단당류로서 우리의 일상적 음식 속에서 결핍되고 있다는 점이다. 토양에 영양분이 소실되고, 과일이나 채소를 덜 익은 채 수확하는가 하면 가공 식품의 식품첨가물과 방부제, 복잡한 조리과정 등으로 양분들이 파괴되고 있기 때문이다.

그럼에도 다행히 우리 몸은 곡물을 소화해서 얻어지는 글루코즈와 유제품에서 얻어지는 갈락토즈만 가지고도 다른 6개의 당분을 만들 수 있다. 다만 이렇게 6가지 단당류를 체내에서 만들어내려면,

15단계 이상의 복잡한 과정을 거쳐야 하고, 하나의 당분을 다른 필수 당분으로 전환시키는 데는 막대한 에너지가 필요하다. 나아가 우리 몸은 이 6개의 당분을 추가로 만들 수 있어야 하나 건강하지 못하기 때문에 이 6개의 당은 늘 부족한 상황이다.

여기에다 심한 환경오염, 오염에 의한 독성물질은 공기, 물, 음식을 통해 체내에 유입되고, 수많은 병균의 침입, 현대생활에서 오는 치명적인 스트레스, 필요한 효소의 결핍, 비타민과 미네랄의 결핍, 활성산소의 공격, 파괴, 혹은 유전적 결함 등으로 인하여 우리 몸은 건강을 유지할 수 없을뿐더러 6개의 필수 당분을 만들어내기가 사실상 거의 불가능하다.

알로에베라겔 '매나폴'은 다당체 함량이 58%에 달하는 고 함량 성분으로 알로에베라겔 추출물이다. 미국의사협회(AMA)는 매나폴에 대하여 학명(nomenclature)인 만노즈(mannose)를 부여 했다.

1kg의 매나폴을 생산하기 위해 660kg 이상의 알로에가 사용된다. 알로에는 햇빛이 많이 나오지 않는 아침이나 오후 늦은 시간에 수확되어 화학반응에 의하여 만노즈 분자구조가 소멸되기 전 24시간 내에 가공이 완성된다.

_ 공정 과정

1. 수확(알로에 줄기 밑 등 부분에서 일부를 잘라냄: 알로에는 보호 시스템으로 스스로 치유과정을 통해 절단부분을 봉합)

2. 세척작업

3. 가시제거 수작업

4. 알로에 잎사귀로부터 알로에베라겔 분리

5. 컨베어를 통하여 슬러리(겔과 같은 고체와 액체 혼합물) 공정, 에탄올 침전

6. 알로에가 천연 알코올과 접촉하면서 발생하는 침전

7. 초기단계 매나폴이 생성

8. 원심분리작업이 이루어 짐(팝콘과 같은 형상으로 변형)

9. 동결 건조과정(수분과 잔류성분이 제거)

10. 순수한 형태의 에이스 만이 남게 됨

5) 당단백질의 기능과 역할

당사슬이란 세포표면에 8가지 당으로 코팅된 안테나 모양의 줄기로, 우리 몸은 수많은 세포(약 60~100조개)로 이루어져 있으며, 각 세포마다 약 10만개의 촉수(당사슬, 수용체)를 가지고 있다.

그 촉수는 자연에서 발견된 탄수화물의 단당류 200여 종중 8개의 필수당으로 이루어져 있는데, 이 세포 표면의 당사슬(glycan, 복합당질 촉수, 당쇄)은 분자인식, 세포간 대화, 그리고 다양한 면역 기능을 가능케 한다. 또한, 당사슬은 호르몬의 지시를 세포 내에 전달하고, 독소와 세균의 공격으로부터 세포를 보호하는 등 인식과 핵심 면역기능을 위하여 중요한 역할을 한다.

분자인식 (molecular recognition) 반응

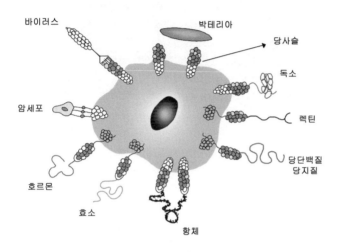

위의 그림은 세포표면 부위에 다양한 분자를 인식하고
반응하는 장면을 나타내고 있다.

세포간 대화 (cell to cell communication)

글리코영양소가 없는 세포간 대화:
불완전, 불가능

글리코영양소가 충분한 세포간의 대화:
원활함

방어면역기능   방 어

박테리아

Adhesin

유리만노스

만노스
터미널

엔-아세틸글루코사민 ←

글리칸

Surface
membranc

■ -GkNAc N-Acetlyglucosamine

● -Man   Mannose

세포의 당사슬(글리칸)은 박테리아와 같은 침입물질이 세포에 부착되지 못하도록 방어를 한다. (예: 위에서 보는 바와 같이 당사슬 외에 만노즈와 같은 개별 당이 추가적으로 침입물질을 세포에 부착하지 못하게 함)

혈관면역반응(Vascular Immune Response)

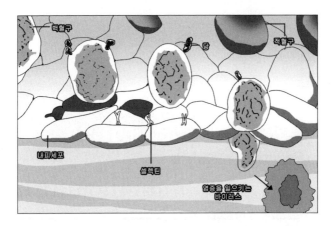

백혈구들은 비교적 빠른 속도로 체내를 순환하고 있다가 염증 반응이 일어나고 있는 부위에 도달하면 혈관 벽을 뚫고 조직 속으로 침투하여 염증을 일으키는 바이러스를 공격한다.

이때 백혈구를 상처부위의 혈관 벽에 고정시키는 접착제 역할을 하는 분자들이 탄수화물과 이에 결합하는 셀렉틴 (selectin)이라는 당단백질이다.

GI 면역(GI: Gastrointestinal)체계

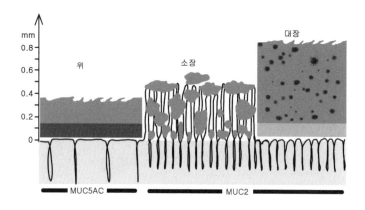

뮤신은 당단백질의 일종으로 젤 타입의 점액소로 소화기 관의 벽에 코팅되어 소화기관으로부터 들어오는 각종 세균, 박테리아, 독소 등이 소화기관에 부착되지 못하도록 한

다. 점액물질은 정교한 필터역할을 함으로써 바이러스를 잡아 가두고, 위험한 미생물의 침입을 막아 감염으로부터 인체를 지킨다.

호흡기관(Respiratory organs)구조

뮤신은 눈, 코, 중이, 기도, 기관지, 그리고 폐와 미생물의 침범으로부터 방어하고 청소(clearance)역할을 한다. 인체는 하루 약 4리터의 뮤신을 생성하여 각종 기관에 공급한다. 뮤신의 성분은 95%가 수분이고 5%가 당단백질이다.

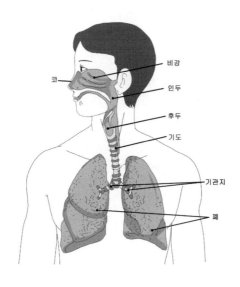

임신과 호르몬 생성

임신 전부터 뇌하수체로부터 난포자극호르몬(FSH: 당단 백질), 황체호르몬(Lh: 당단백질))호르몬은 세포를 성숙시 켜 난포호르몬의 분비를 촉진하여 배란으로 이끈다. 배란 후에는 황체세포의 분열증식을 촉진하여 황체를 형성하고 황체호르몬의 분비를 촉진한다.

인간융모성 고나도트로핀(hCG: 당단백)은 태반융모에서 분비되는 성선자극호르몬으로 분자량 약 3만의 당단백질 이다. 임신의 3분기 중 초기에 결정적인 역할을 한다. 나아 가 태반의 외벽물질도 당단백질이다.

이거알아요! 세포의 정보전달 체계

혈액에는 외부 침입자로부터 우리 인체를 방어하고, 보호하는 세포 가 존재한다. 우리가 잘 알고 있는 대로 백혈구가 그러한 역할을 한 다. 백혈구에는 다시 면역체계에 중요한 요소인 두 가지 림프구 T세 포와 B세포가 존재한다. T세포는 흉선(가슴뼈의 뒤, 심장과 대동맥 의 앞에 위치하는 림프 면역기관)에서 유래하는 백혈구로 면역에서 기억능력을 갖고, B세포에 정보를 제공하여 항체의 생성을 돕고 세포의 면역에 주된 역할을 한다. B세포는 골수유래의 세포(Bone Marrow derived cell)로 골수의 앞 글자인B자 인용하여 B세포로 부른다.

T세포는 질병을 초래하는 박테리아, 바이러스나 유해물질을 직접 공격하는 공격세포이며, 다른 면역체계를 조절하기도 한다. 반면에 B세포는 침입자를 중화시키거나 다른 공격세포가 이들을 파괴할 수 있도록 특별한 추적 장치를 부착하기 때문에 정찰세포라고도 부른다. 정찰세포가 하는 일은 박테리아, 바이러스나 암세포와 같이 건강에 해로운 물질을 식별하는 것이다. 그런데 이 정찰 세포는 상호 대화가 가능해야만 그 기능을 수행할 수 있으며, 이러한 일이 이루어지기 위해서는 세포의 당화(Glycosylation)가 충분히 이루어져야 한다.

충분한 당화가 이루어진 정찰세포는 적을 식별하여 추적장치를 부착하고, 세포간 정보전달신호를 T세포가 명령을 기다리는 T세포 본부역할을 하는 흉선으로 보낸다. 만일 이들 세포가 충분한 당화과정을 거쳤다면 흉선이 다시 T세포에 신호를 전달하고 면역체계 본부를 떠나 B세포가 추적장치를 부착한 세포를 파괴하기 위해 이동한다. 만일 정찰세포의 당화가 완전하지 못할 경우 불완전한 당단백질을 갖고 있어 피아구분을 할 수 없게 되어, 건강한 세포도 공격 추적장치를 부착하게 되어 질환을 일으키게 되는 데 이것이 바로 자가면역질환이다.

이들 8가지 단당류들은 우리 몸의 모든 세포의 속과 세포의 표면에 있다. 이 단당류들은 모든 세포표면에 있는 당단백질에 포함되어 있어, 세포들 사이에 대화를 주고(transmitter) 받는(receptor)데 반드시 필요한 물질이다. 세포들은 이런 대화를 통해서 우리 몸의 세포를 방어하고, 수리하며 조절하고, 영양을 공급하고, 필요한 경우 세포를 소멸시키기도 한다.

다음은 글리코영양소를 구성하는 각각의 8당이 가진 각각의 효능들이다.

만노즈(Mannose):

만노즈는 조직 생성과 복원에 절대적으로 필요한 당분이며 또한 세포들 간 교신에도 사용된다. 알로에 등 만노즈가 풍부한 음식을 충분히 섭취하면 세포 간의 연락이 원활해지고 망가진 세포를 치유하는 능력이 증대된다. 나아가 암의 성장을 억제해 전이를 막는 것은 물론 일상적인 세균, 바이러스, 곰팡이 그리고 기생충의 감염 역시 막아준다. 나아가 병이 들었을 때 질병과 싸우는 사이토카인 Cytokine)이라는 물질을 활성화시켜 각종 외부 또는 내부로부터의 침입자들과 싸우게 한다. 다양한 연구에 의하면, 만노즈는 류마치스성 관절염에 도움이 되며, 자가면역질환을 돕는 역할도 한다. 또한 당뇨병 환자의 혈당과 중성지방질(트리글리세라이드,Triglyceride)을 낮추어 준다.

퓨코즈(Fucose):

모유와 특정한 버섯에 풍부한 퓨코즈는 뇌의 발달을 도와주는 역할을 한다. 동물실험에 의하면, 퓨코즈는 동물들의 기억력을 증진시키며, 면역성을 증가시켜 암을 억제시키고 전이를 막는다. 또한 만노즈와 마찬가지로 세포 간 교신에 사용되어 세포를 튼튼하게 만들어 준다. 인체의 신장과 고환 신경에는 높은 농도의 퓨코즈가 존재하는데, 이는 퓨코즈가 이들 기관의 작용에 도움을 주기 때문이다. 당뇨병, 낭포성 섬유증(cysticfibrosis), 암 그리고 바이러스에 의해 발생하는 대상포진이 발생할 경우 퓨코즈 대사에 이상이 오게 되는데, 따라서 이때 퓨코즈를 사용하면 효과를 볼 수 있다. 또한 퓨코즈는 기관지염을 일으키는 바이러스나 세균의 치료에 효과가 있고,

또한 각종 알레르기 증상에도 효과가 있다.

갈락토즈(Galactose):

각종 유제품에 풍부하게 들어 있다. 포도당과 갈락토즈가 합쳐진 유당이 바로 갈락토즈의 일종이다. 동물실험 결과에 의하면, 갈락토즈는 각종 암의 전이 방지에 효과가 있으며, 특히 간 전이에 효과적이라고 한다. 나아가 갈락토즈는 상처를 낫게 하고 염증을 낮춰주며, 장 내 칼슘 흡수를 돕고 세포 간 교신에도 사용된다. 동물실험에 의하면 갈락토즈는 외부 방사선으로부터 세포조직을 보호하며 백내장을 막아준다. 류마티스성 관절염이나 루프스로 인한 관절염이 있는 사람들은 체내 갈락토즈 수치가 낮아져 있는 만큼 갈락토즈 섭취가 절실하다. 마지막으로 갈락토즈는 기억력 증진에도 큰 도움이 된다.

글루코즈(Glucose):

포도당이라고도 불리는 글루코즈는 주변에서 흔히 찾아볼 수 있는 필수 당류로서 이 당이 모자라 병이 발생하는 경우는 거의 없으며, 오히려 지나친 섭취 때 문제가 생긴다. 포도당은 산소와 함께 각 세포에서 만들어지는 에너지의 원료로 쓰여 지므로 원기 회복에 도움이 된다. 칼슘 흡수와 기억력 증진에 도움이 되고 세포 간 언어에도 사용된다. 그러나 포도당을 지나치게 섭취하면 인슐린 과분비로 비만증과 함께 성인 당뇨병이 발생하게 된다. 알츠하이머 치매 환자들은 포도당 대사에 어려움을 겪으며, 우울증, 식욕항진(bulimia), 식욕불량(anorexia)및 조울증(manic depression)등이 있을 때에도 포도당의 대사에 문제가 발생한다.

자일로즈(Xylose):

세포 간 교신에 사용되며, 세균과 바이러스를 억제한다. 또한 여러 연구에 의하면, 자일로즈는 소화기 계통의 암을 억제한다. 장염 등 소화기 계통의 질환이 발생하면 자일로즈 흡수가 어려워지므로 이런 질병에 걸리면 충분히 섭취해야 한다. 자일로즈의 단 맛은 설탕에 버금가므로 당뇨병 환자나 일반인들을 위한 자일로즈 껌이 시중에 나와 있다. 이 껌은 충치와 잇몸병을 예방하는 역할을 한다.

엔 아세틸갈락토사민(N-Acetyl Galactosamine):

이 당에 대한 연구는 아직 활발하지 않으나 최근 엔 아세틸갈락토사민 역시 세포 간 교신에 사용된다는 점이 밝혀진 바 있다. 또한 이 당 역시 암을 억제하는 데 도움이 된다. 특히 심장병 환자들에게서

이 당의 농도가 낮아져 있는 만큼엔 아세틸갈락토사민 섭취가 심장병 환자들에게 도움이 될지 모른다는 연구 결과가 나와 있다.

엔 아세틸글루코사민 (N-Acetylglucosamine):

면역 조절에 작용하는 이 당은 HIV 감염을 방지하며 암 발생을 억제한다. 관절에 좋다고 알려진 글루코사민이 바로 엔 아세틸글루코사민의 대사산물이다. 이 당은 관절의 연골 조직을 생성하고 통증과 염증을 없애서 관절 불편을 덜어준다. 또한 이 당은 학습 능력에도 관여하는가 하면, GAG(glycosaminoglycan)이라는 점막 보호 물질을 생성시키는 데 관여한다. 만약 GAG가 모자라게 되면 크론씨 병(Crohn's disease)과 궤양성 장염, 방광 질환에 간질성 방광염(interstitial cystitis)등이 발생할 수 있다.

엔 아세틸뉴라믹산 (N-Acetylneuramic acid):

이 당은 뇌 발달에 절대적으로 필요하며, 실제로 모유에 많이 들어있어 신생아의 뇌 발육과 밀접한 관계를 갖고 있다. 동물실험 결과에 의하면 이 당은 기억력과 뇌 기능 발휘에 필수적이며, 체내 점액을 부드럽게 만들어 각종 세균, 바이러스와 다른 병균들을 물리치는 데 작용한다. 나아가 이 당은 다른 어떤 항바이러스제보다 강력

한 바이러스 퇴치력을 가지고 있으며, 혈액 응고와 콜레스테롤의 수치를 조절해 주며, 특히 나쁜 콜레스테롤로 분류되는 LDL을 낮춰 준다. 입안의 점막을 마르게 하고 침을 마르게 하는 쇼그렌(Sjogren) 증후군과 알코올 중독자들의 경우 이 당의 대사가 원활하지 않다.

※ 당영양소의 주요 원료

원료(Plant Sources)	추출영양소(Extracts)
트라가칸트 검	갈락토즈, 퓨코즈, 자일로즈, 아라비노즈
구아 검	만노즈, 갈락토즈
쌀 또는 곡물가루, 전분	글루코즈
알로에 베라 추출물	아세틸화된 만노즈계 중합체
낙엽송 추출물	폴리아라비노갈락탄
가티 검(인디언 옻나무)	아라비노즈, 갈락토즈, 만노즈, 자일로즈, 글루쿠론산
펙틴	갈라투론산
약용버섯	글루코즈, 갈락토즈, 만노즈, 퓨코즈
콘드로이틴 황산염, 키틴	N-아세틸글루코사민
아카시아(아라비아 고무)	아라비노즈, 갈락토즈, 글루쿠론산
알긴산	만노실우론산, 굴로신우론산
크산탄 검	글루코즈, 만노즈, 글루쿠론산

유방암을 거둬간 고마운 글리코영양소

함옥성 (경기도 양평군 양평읍)

가벼운 마음으로 2년에 한 번 받는 건강검진을 실시한 2013년 3월, 검진 결과에 놀랄 수밖에 없었습니다. 유방암이 발견된 것입니다. 서울중앙병원 원장님으로부터 분당서울대병원을 찾아가라는 소견서를 받아들고 4월 15일 재검진을 받은 결과 수술을 받게 되었지요. 수술 후 5월부터는 항암 치료 6회와 방사선 치료 40회가 이어졌습니다. 3차까지 항암 주사를 5회 맞고 나니 온몸의 면역력이 무너져 약도 먹을 수 없을 만큼 체력이 고갈되었습니다.

암 자체보다 지독한 변비 때문에 눈물 흘리고, 주방에서 일하다가 나도 모르게 소변을 흘리는 등 그야말로 모든 감각이 둔해져갔습니다. 머리카락이 빠지며 흰 두피가 드러나고 가발을 써도 고정되지 않아 제멋대로 돌아갔습니다. 손톱을 비롯해 얼굴과 손의 빛깔도 죽은 듯 검은 색으로 변해갔습니다.

앉아 있기도 힘들어 누워 지내며 삶의 의욕은 점차 꺼져 갔습니다. 나쁜 생각이 날 때마다 연세 많으신 친정 어머니를 떠올리며 참았고, 그해 5월 4일 딸아이의 첫 출산도 지켜주지 못한 어미 마음은 찢어질 것 같았지요. 심지어 화장실도 남편이 부축해줘야 갈 수 있었을 정도였습니다.

그렇게 암울하고 고통스러운 삶 속에서 우연히 지인을 통해 글리코영양소를 알게 되었습니다. 다녀도 끝이 없는 병원에 계속 의지해야 할까, 아니면 글리코영양소를 믿어볼까 고민하다가 어쨌든 하나만 택하자고 마음먹었습니다. 남편을 글리코영양소 회사로 보내 자세히 알아달라고 부탁하니 결국 양손에 쇼핑백을 가득 들고 왔습니다. 이걸 먹으면 나을 거라는 말도 함께였지요. 그 마음이 고마워서 되든 안 되든 여기에 생을 걸어보자는 생각이 들었습니다. 병원을 찾아 항암 치료를 포기하겠다고 밝힌 뒤 타온 약도 서랍 속에 넣어두기만 했지요.

그렇게 2013년 7월 글리코영양소 클린 단계에 들어갔습니다. 철저하게 외부 음식을 끊고 글리코영양소 제품들을 매일 3번씩 먹으며 1, 2, 3차를 진행했습니다. 그리고 아침과 저녁에 쉐이크를 먹었습니다. 그리고 11월 분당서울대

병원에서 페트 촬영 결과 재발이 없으며 추후 지속적인 추적 관찰만 필요하다는 이야기를 들었습니다.

다시 머리카락이 자라기 시작하고 새카맣게 죽었던 손톱과 피부가 정상으로 돌아오기 시작했습니다. 그러자 글리코영양소에 대한 확신도 커졌습니다. 회사를 찾아 오랜 시간 강의를 들을 만큼 건강도 회복되었고, 글리코영양소가 어떻게 우리 몸을 변화시키는지도 알게 되었습니다. 그 확신의 결과 82세 되신 친정어머니께도 이 제품을 권해드렸고, 어머니는 놀랍게도 2014년 10월 20일부터 23일 나흘간 생리하듯 검붉은 피가 나오더니 계속 아프던 허리가 잠잠해지고 몸이 가벼워졌다고 하시더군요. 또한 35년간 크론병을 앓았던 남편도 글리코영양소 덕에 35년간 먹었던 약을 끊을 수 있었습니다.

이 자리를 빌려 글리코영양소를 알게 해주신 지인과 글리코영양소에 대한 믿음과 확신을 주신 분들께 진심으로 감사드립니다.

이분들의 관심으로 저는 새로운 삶을 살 수 있었습니다. 저 역시 앞으로 병으로 고통 받는 이들에게 희망의 메신저가 되겠습니다.

내 몸을 살리는, 글리코영양소

1) 암과 글리코영양소

우리나라의 남성 3명 중 1명은 암으로 사망한다. 다양한 예방노력에도 불구하고 암 환자는 점차 증가 추세에 있다. 암 환자 10명중 6명은 5년 내에 사망하게 되는데, 암은 우리나라의 사망률 1위를 차지하고 있다.

정상세포의 유전인자들이 돌연변이로 말미암아 통제 불능의 유전 인자들로 변화되면, 암세포가 되는 것이다. 건강한 사람들도 수천 개의 암세포를 갖고 있다. 그러나 암이 발생되지 않는 이유는 우리의 면역계가 암세포를 파괴하기 때문이다. 그 역할을 하는 것이 면역세포인 대식세포인데, 대식세포는 암세포를 치밀하게 찾아내 포식하거나 면역물질인 인터페론을 분비해 자연살상세포들(NKC)을 활성화시켜 암세포를 죽이게 한다. 그러나 면역기능이 약화되어 있거나 와해된 경우 정상적인 방어 경고 기전이 활성화되지 않아 암이 발생한다. 즉 가장 효과적인 암 예방은 자연면역 방어 능력을 강화하는 것이다.

2007년 7월 23일자 '동사이언스' 기사에 미국 폭스체이스 암센터 연구팀의 연구 결과가 실려 있는데, 연구를 이끈 에리카 골레미스 박사는 '섬모가 없어진 세포는 주변 세포와 신호교환을 하지 못해 쉽게 암세포로 변한다' 라고 밝히고 있다. 이 섬모들이 바로 당영양소이다. 최근 이 같은 방어 능력과 관련한 글리코영양소들의 위력은 많은 연구결과로 보고되고 있다.

글리코영양소가 면역계를 활성화하여서 암 발생을 예방하고, 일단 발생한 암도 성장을 억제하거나 퇴행시키고, 전이를 방지할 수 있다는 보고서들이 게시되고 있다. 이 같은 사실이 알려지면서 일반적인 항암 치료와 더불어 인체의 자기 치료력을 증가시키는 글리코영양소 섭취 요법을 활용하는 암 환자들도 증가하고 있다.

2) 심혈관질환과 글리코영양소

심혈관 질환의 원인으로 지목되고 있는 콜레스테롤은 지질의 한 종류로, 인체 세포막을 구성하는 필수 물질이지만, 혈중치가 너무 높을 경우 동맥 혈관에 부담을 주어 염증 과정을 거쳐서 죽상동맥경화를 일으키고, 끝내는 심장질환이나 뇌졸중 등을 초래하게 된다.

인체는 나이가 들수록 대사량과 운동량이 적어져 콜레스테롤 소모량은 적어진다. 우리 몸은 콜레스테롤 균형을 맞추기 위해 이 콜레스테롤을 간에서 처리할 수 있게 운반하게 되는데, 이 운송을 담당하는 것이 흔히 좋은 콜레스테롤이라고 불리는 고밀도지질단백(HDL)이다. 즉 이 좋은 콜레스테롤이 몸 안에 쌓여 문제를 일으키는 중성지방인 저밀도지질단백질(LDL)보다 많아야 한다.

심혈관 질환이란 이 HDL에 비해 LDL의 혈중 농도가 높아져서 발생하는 질병으로 중성지방이 쌓여 발생하는 병이다. 기존의 해석은 지방 찌꺼기 때문에 혈관이 좁아진다고 알려져 있지만, 사실상 이 질환은 심장근육 층(myocardium)과 면역계통인 말초조직 장기들 사이에 상호

대화의 잘못이 염증전기구기에 사이토카인(cytokines)을 생산하게 되고, 이 사이토카인이 혈관내벽을 자극하면서 보푸라기 같은 것이 혈관내벽에 발생해 지질을 끌어 모아 딱딱해지고 좁아짐으로써 발생하는 것이다.

즉 동맥 질환의 원인은 단순히 동맥의 판 축척들의 결과가 아니고 세포 간 상호작용들의 잘못에서 비롯된 염증 과정인 셈이다.

최근까지는 운동, 체중감량, 항산화제들의 섭취, 그리고 투약이 혈중 고콜레스테롤 치를 낮출 수 있는 가장 큰 희망인데, 동시에 글리코영양소를 충분히 섭취해주면 면역조정 기능, 항감염기능, 자가면역의 교정기능, 항산화기능 (유리 활성산소기의 중화, 포말세포의 형성방지, 판 형성과 병 진행의 중단, 항산화작용효소들-과산화글루타티온과 superoxide dismutase, SOD)의 증가 같은 기능들이 원활해질 수 있다.

특히 엔아세틸글루코사민, 갈락토즈, 만노즈의 부족은 심장병의 원인이 되며, 퓨코즈에 혈중 콜레스테롤을 낮추고, 항 응고(anti-clotting) 작용이 있는 만큼 충분한 글리코영양소 섭취가 혈관 질환에 도움이 될 수 있다.

3) 당뇨병과 글리코영양소

제1형 당뇨병 역시 세포정보전달 오류에 따라 면역세포들이 췌장의 인슐린 생성세포인 췌장의 베타세포를 파괴함으로써 인슐린 생성량이 부족해지는 자가면역질환이다. 이 당뇨병은 보통 20세 이전에 발병한다는 특징이 있다. 반면 제2형인 인슐린 비의존형 당뇨병의 경우는 성인이 되어서 발병한다. 이 당뇨병의 특징은 이 질병의 환자 90%가 비만으로 과도한 체지방이 인슐린의 활용을 방해하면서 발생한다. 이 경우 체중감량, 식이요법, 운동으로 질병 완화나 감소가 가능하다.

제1형 당뇨병에서 만노즈와 갈락토즈는 인슐린 분비를 증가시키고, 상처 치유력을 활성화하며 감염의 감소와 혈압 강하, 혈압 치료 약물의 복용량을 낮추게 할 수 있다.

당영양소의 보충은 당뇨병의 합병증 개선에도 도움이 된다. 당뇨병 합병증 중에 가장 심각한 것으로 시력 장애를 들 수 있는데, 이때 만노즈가 에너지원으로 포도당의 대체물이 되고 췌장의 인슐린의 생산을 증가시킨다. 나아가 합병증으로 심장혈관계 질병들이 발생할 위험도 큰데, 이는 혈소판의 당질 영양소 농도가 낮아지기 때문이다.

4) 천식과 글리코영양소

알러지 반응이란 면역 세포들이 일정 물질을 침입자로 오인해 유발되는 염증 반응들로서 일반적으로 면역글로부린-E 항체가 병원체를 정복하기 위해 히스타민 우위 상태를 유발함으로써 발생한다. 글리코영양소 중에 만노즈는 면역글로뷰린과 히스타민 생성을 억제하고 자연적인 항염 작용을 한다.

천식은 알러지 반응들 중 대표적인 만성적 상태로, 기도 협착과 기관지 염증 등 과도한 염증이 발생한다. 이때 퓨코즈는 염증을 가라앉히고 항원들이 우리 몸에 발판을 마련하지 못하게 하고, 혈중의 면역글로부린 E 수치를 감소시키고, 항산화제로서 활성산소에 대항하여 기침을 완화하고 가래를 묽게 해준다.

5) 류마티스 관절염과 글리코영양소

자가면역질환이란 우리 몸을 보호하는 면역 체계가 자신의 신체를 적으로 여겨 공격하며 발생하는 질환으로서 세포 간 의사교통 오류가 그 원인이다. 자가면역질환 환자들은 공통적으로 갈락토즈와 엔아세틸글루코사민 같은 당영양소가 결핍되어 있다.

이 질환은 근원적으로 당화의 착오에서 비롯되는 만큼 당영양소들을 균형적으로 보충하는 것이 근본적인 치료가 될 수 있다. 일반적으로 자가면역질환에는 스테로이드제제를 장기간 투여하게 되는데 이 경우 질환이 일시적으로 약화될 뿐 완치는 없으며, 약물들의 심각한 부작용들을 감수하여야 한다. 이상적인 치료는 자연적으로 증세를 감소 완화시키고 면역세포들의 공격을 원천적으로 억제하는 것인데, 여기에 제일 합당한 것이 당영양소들이다.

한 예로 류마티스관절염도 면역 세포들이 잘못된 판단으로 연골을 파괴하는 대표적인 자가면역질환이다. 류마티스관절염은 퓨코즈와 갈락토즈의 혈중치 저하가 병의 경중에 연관이 있다. 만노즈는 관절 보호에 결정적인 역할을 하며,

엔아세틸글루코사민과 엔아세틸갈락토사민은 잘못 지시받은 면역세포들이 건강한 세포에 교착하는 것을 방지하고 관절 내 염증을 유발하는 활성산소를 제거한다. 엔아세틸글루코사민에서 유래된 글루코사민은 손상된 관절 내 연골의 재생을 자극하고, 치유를 촉진하고 부종을 완화하고 운동을 증가시키며, 관절 상처를 신속히 치유한다.

6) 크론씨병, 궤양성 대장염, 간질성 방광염과 글리코영양소

면역세포들이 잘못된 지시를 따라 소장과 대장을 공격해 만성적 염증을 유발하면 크론씨병, 대장에 궤양을 동반한 만성 염증이 생기게 되는 질환을 궤양성 대장염이라 칭한다. 그리고 방광의 간질조직에 자가 면역반응이 생기면 간질성 방광염이 발생한다.

이 질환들은 GAG(GAG glycosaminoglycan 글리코스아미노글리칸)이라 불리는 점막 층 방어벽에 결함이 생겨 독소들과 병원체들이 침투해 감염과 염증이 발생하면서 생긴다. 따라서 GAG 점막 층의 복원이 필요한데, 흔히 이런 질환에 걸린 환자들은 퓨코즈와 엔아세틸글루코사민이 결핍되어 있는 경우가 많아 글루코사민을 GAG 층의 치료에 많이 활용한다.

7) 신장질환과 글리코영양소

급성 신부전증과 만성 신부전의 대표적인 치료법은 혈액투석과 신장 이식이다. 그러나 이런 외과적 치료는 질병의 진전을 지연시킬 뿐 완치는 불가능하며 동반 부작용들(고혈압, 골다공증, 빈혈 등)을 초래하고 병의 과정을 반전시키지 못한다. 다행히도 최근에는 신부전 환자들에게 글리코영양소의 보충으로 호전된 사례들이 있다.

8) 학습장애, 정신장애와 글리코영양소

미국의 경우 소아들 중의 3~5%에서 주의력결핍 및 과잉행동장애가 발생하고 있다. 주의력 결핍 및 과잉행동장애는 체질적 이상 즉 뇌 조직 내 신경전달물질의 하나인 도파민 작용의 결함으로 추정한다. 나아가 학습장애는 주로 어떤 형태의 생물학적 기능부전에서 주로 기인하는 인지과정의 잘못에서 유래한다. 이때 당영양소의 보충과 정서적 지지가 집중력, 기억력, 지적기능을 향상시키고 학습장애를 호전시키고 과잉행동을 조정한다.

나아가 불안, 불면, 신경질, 강박장애, 식욕부진, 우울증, 조울증, 자폐증, 정신분열증 등의 정신장애들도 단순한 인과관계로 설명할 수는 없으나 신경전달물질, 신경조정물질, 그리고 호르몬들 뿐 아니라 특히 신경수용체상에서 다양한 구조적 및 기능상 문제들과 관련해 글리코영양소의 관여를 부인할 수 없다. 따라서 이러한 장애의 경우에도 당영양소의 연관을 고려할만 하다.

9) 알츠하이머, 파킨슨병과 글리코영양소

퇴행성 만성 질환인 치매는 나이의 증가에 따라 발생률

이 크게 증가한다. 이 병은 뇌 내 신경세포(뉴런)들이 대량 폐사하면서 기억력, 인지, 지각, 사고기능, 감정조절기능, 사회성, 자기정체성 등 인격의 유지기능들이 와해되고 퇴행되는 병이다.

이 병에 걸린 이들은 혈중 포도당치가 낮으며, 퓨코즈, 갈락토즈 등의 보충으로 기억회복 효과가 나타난다는 점이 입증된 바 있다.

비슷하게 도파민 생성세포의 사멸로 발생하는 퇴행성 질환인 파킨슨병은 흔히 노년에 발병하고, 떨림, 완서, 운동마비, 경직, 무욕, 무감동의 증세들이 특징적이다. 역시 이 질환도 계속 진행되는 형태를 띠고 있으며 도파민계열 약품의 복용과 글리코영양소 섭취로 증상의 호전과 완화 결과가 보고되고 있는 만큼 약물 요법에 글리코영양소를 충분히 보충하는 것이 최선이다.

10) 노화와 글리코영양소

노화와 관련된 주요인들은 유전자, 영양결핍, 활성산소

이다. 노화는 자연 현상의 일부인 만큼 노화 지연을 위해서는 영양관리와 활성산소의 관리가 필요하다.

노화가 진행되면 우리 육체는 면역력이 약화되어 각종 질환의 발생 가능성이 높아지고 신체 조직에 노폐물들이 축적되면서 신체 항상성 유지에 관여하는 각종 내분비 기능이 약화되어 상처 치유 지연, 골다공증, 원기 부족, 근육 약화와 체지방 축적 등을 초래한다. 이러한 신체 변화들은 면역 기능 상실과 깊은 관련이 있다.

이때 우리가 섭취하는 영양소는 노화를 지연하는 데 결정적인 역할을 한다. 실례로, 영양상태가 좋은 남녀 노인들은 30~40대의 대조군들만큼이나 건강할 수 있다는 각종의 보고서들이 있다. 더욱이 글리코영양소는 항산화 효소의 일종인 혈중 효소 SOD(superoxide dismutase)를 활성화해 노화의 주범인 활성산소를 막아주어 노화를 지연시키고, 다양한 신체적 불편을 완화하여 삶의 질을 높여준다.

글리코영양소, 무엇이든 물어보세요

Q : 우리 몸에 글리코영양소가 부족해지는 이유는
무엇인가요?

A : 글리코영양소는 당단백질과 같은 당 결합 분자를 합
성하기 위한 신체 구성 성분의 필수적 성분으로서 건강과
질병에 영향을 미칩니다. 질병을 예방할 뿐만 아니라 질병
에 의해 감소된 면역력 회복과 손상된 조직회복 등에 관여
하지요.

이 글리코영양소는 주로 과일, 채소에 많은데, 현실은 다
양한 환경의 오염과 고갈, 잘못된 조리 방법으로 대부분의
당류가 파괴된 상태로 섭취하게 됩니다. 또한 지나치게 많
은 설탕(포도당과 과당)을 섭취하는 반면 신선한 과일과 채
소 섭취는 부족하다보니, 글리코영양소의 섭취량도 줄어들
게 되는 것입니다. 따라서 신선한 과일과 야채 섭취에 심혈

을 기울이고, 부족분은 건강기능식품으로 섭취한다면 글리코영양소 부족 상태를 방지할 수 있습니다.

> Q : 글리코영양소가 부족하면 우리 몸은 어떤 증상이 발생하나요?

A : 글리코영양소가 부족하다고 곧바로 문제가 나타나지는 않지만, 최적의 컨디션과 건강 상태를 유지하기가 어려워집니다. 이럴 때는 아무리 좋은 음식을 먹어도 기본적인 신체 기능이 저하된 상태이므로 그 효과가 충분히 발휘되지 않습니다.

이때 글리코영양소를 섭취해주면 기본적인 면역 기능이 활발해지면서 대사활동이 증진 됩니다. 실로 선진국에서는 이미 치료의학뿐만 아니라 예방의학까지 접목한 통합관리를 지향하며 증상 발병 시 치료 외에도 평소 건강한 몸을 유지하고 관리하는 것에 중요성을 둡니다. 이런 면에서 충분한 글리코영양소 섭취로 신체 활력을 높이고 면역력 고갈을 막는 것은 질병 치료와 예방에 매우 중요한 역할을 한다고 볼 수 있습니다.

Q : 글리코영양소를 섭취하려는데 어떻게 제품을 선택해야 하나요?

A : 첫째, 인증을 확인해야 합니다. 제대로 된 제품이라면 식품의약품안전청의 인증을 받아 포장지에 건강기능식품이라는 문구와 도안이 표기되어 있어야 합니다.

둘째, 유통기한을 확인해야 합니다. 대부분의 제품들은 제조일로부터 2년 정도의 유통기한을 가지고, 이 시간이 지나면 변질되거나 이 과정에서 생겨난 독소가 알레르기를 일으킬 수 있습니다. 따라서 반드시 그 제품이 언제 생산되었고 언제까지 유효한지 꼭 확인해야 합니다.

Q : 고혈압과 당뇨가 있는 환자입니다. 글리코영양소를 먹어도 될까요?

A : 글리코영양소는 치료제가 아닌 건강기능식품으로서 몸 안의 부족한 영양소를 공급해 기초 체력을 길러줍니다. 질병은 결과적으로 세포 건강이 무너지면서 면역력이 약화

되어 발생합니다. 나아가 고혈압과 당뇨 역시 면역력과 긴밀한 연관이 있는 만큼 면역력이 강해지면 치료의 예후가 좋아질 수밖에 없습니다.

글리코영양소는 독성을 가지지 않은 순수 기능식품으로서 면역력 증강에 도움이 될뿐더러 질병을 가지신 분들도 안심하게 섭취할 수 있습니다. 다만 병원 치료를 장기간 받고 계시다면 주치의와 상담 후에 섭취하실 것을 권장 드립니다.

Q : 글리코영양소를 섭취한 뒤부터 몸살 기운이 있고 몸이 더 아픈데 어떻게 해야 하나요?

A : 글리코영양소는 기본적으로 대사활동 증진과 면역기능을 높여주게 되는데, 이때 일시적인 불편 증상이 나타날 수 있습니다. 이를 호전반응이라고 하는데, 호전반응은 일종의 독소 배출을 통한 치유 반응으로서 한방에서는 명현현상이라고도 하고 면역력이 호전됨에 따라 일어나는 여러 반응을 말합니다. 면역계 세포들의 병적 물질을 제거하면서 면역 시스템이 강한 반응을 나타내는 현상, 즉 약해졌던

세포들이 유익하고 필수적인 영양소를 공급 받아 약동하는 현상인 것입니다.

특히 오랫동안 잠복되어 있던 병이나, 앓고 있는 병이 몸이 호전됨에 따라 그 증세가 새롭게 나타나거나 다시 나타나는데, 짧게는 2~3일, 길게는 한 달 정도 유지되는데 그 증상과 기간은 사람마다 다르며, 이때는 잠시 섭취를 중단했다가 재개하거나 양을 조절하는 방법도 있습니다.

Q : 글리코영양소 섭취의 효율을 높이기 위한 또 다른 방법은 없는지요?

A : 건강기능식품은 식생활과 영양섭취를 보완해 신체의 신진대사를 활성화시키고 영양소를 조절해주지만, 건강기능식품을 섭취한다고 모든 것이 해결되는 것은 아닙니다. 따라서 평소 규칙적인 식사를 하고 채소, 과일과 충분한 수분 등을 많이 섭취하며, 금연과 금주 그리고 적절한 운동이 함께 이루어져야 합니다.

내 몸의 건강은 결국 장기간의 건강습관에 의해서 이루

어지는 것임을 기억하고 건강기능식품의 섭취와 함께 평소 꾸준한 건강습관을 다지면, 활기찬 생활을 하는 동시에 건강기능식품의 섭취 효율도 높일 수 있습니다.

Q : 글리코영양소는 어떨 때 먹는 것이 좋을까요?

A : 간단히 말하면 우리 몸의 면역력이 저하되었을 때 글리코영양소가 도움이 될 수 있습니다. 면역력 저하의 가장 큰 원인은 노화 · 운동부족 · 영양부족 · 스트레스 등 많은 원인이 있습니다. 하지만 현대인들은 과도한 식생활로 인해 영양 부족인 경우는 매우 드물고, 편식과 잘못된 식생활로 인한 영양불균형이 만연해 있습니다. 또한 바쁜 생활로 운동 부족과 스트레스를 피하기 어려운 것이 현실입니다. 이때 섭취해서 도움을 받을 수 있는 것이 바로 글리코영양소와 같은 기능식품입니다.

Q : 부작용은 없을까요?

A : 가장 좋은 영양제는 화학적 효과로 일시적인 건강 증진에 도움이 되는 것 이상, 즉 인체의 면역 기능 활성화를 도와 몸이 스스로 치유할 수 있도록 도와주는 영양제일 것입니다. 그러나 좋은 영양제를 섭취할 때 나타날 수 있는 한 가지 난관이 있습니다. 바로 명현현상입니다.

명현현상이란 몸 안에 독성물질이 가득 쌓여 있을 경우, 몸에 좋은 활성성분이 몸 구석구석을 돌아다니며 일으키는 일종의 불편 현상입니다.

가벼운 어지럼증, 구역감, 설사, 미열 등이 대표적인데, 이는 인체 면역 기관이 균형을 잡으면서 몸 안의 독소를 내보내는 과정에서 발생하는 현상입니다.

대부분의 명현현상은 2주 이내에 사라지지만, 증상이 오래 간다면 전문가와 상담하여 섭취량과 섭취 방법을 조절할 필요가 있습니다.

Q : 글리코영양소를 섭취하며 운동 중입니다. 혹자는
과도한 운동을 하면 면역력을 떨어뜨린다고 하는데
사실인가요?

A : 그렇습니다. 과도한 운동은 오히려 면역력을 떨어뜨
리기도 합니다.

평소 운동을 잘 하지 않던 사람이 갑자기 심한 운동을 하
면, 운동 후 면역력이 크게 떨어져서 몸살을 앓거나 감기에
걸리는 경우가 있습니다.

또한 과도한 운동은 과도한 호흡과 생체 활동으로 몸속
에 다량의 활성산소를 발생시켜 세포를 파괴합니다. 따라
서 내 몸의 컨디션에 맞는 적절한 강도의 운동을 꾸준히 하
는 것이 중요합니다.

Q : 면역력 강화에 도움이 되는 방법들을 알려주세요.

A : 면역력을 높이는 방법과 생활에 관해서는 지금껏 여

78

러 측면에서 설명했지만, 마지막으로 요점을 정리해보자면 다음의 열 가지 조건이 도움이 됩니다.

1) 과로, 무리를 피할 것
2) 살아있는 한 고민은 있게 마련이므로 거기에 너무 집착하지 말 것
3) 화내지 말 것
: 화를 내면 교감 신경이 매우 긴장합니다. 화를 내면 상대방에게 자신의 울분을 토로할 수 있어 기분이 가벼워질 것 같지만, 사실은 내적으로 교감신경이 긴장되어 면역력이 떨어집니다.

물론 화를 전혀 내지 않는다는 것은 활력이 없다는 말도 되므로 그것도 문제가 됩니다.

그저 '화'라는 감정이 생기는 것은 괜찮습니다. 하지만 그 감정의 표현은 최후의 수단이라 여기고, 함부로 표출하지 마십시오.

분한 감정은 들더라도 될 수 있는 한 그 울분을 남에게 드러내지 않는 게 좋습니다.

4) 머리보다는 몸을 더 많이 움직일 것

5) 수면 시간을 반드시 확보할 것

: 적당한 수면 시간은 사람에 따라 다릅니다.

다음날에 피로가 남지 않을 만큼 자면 됩니다.

6) 좋은 인간관계를 형성할 것

7) 취미를 가질 것

8) 많이 웃을 것

9) 오감을 자극하는 자연이나 예술과 접할 것

: 될 수 있으면 오감을 항상 자극하도록 신경을 쓰는 것이 좋습니다.

예를 들면 그림 들은 시각을 자극하고, 음악은 청각을 자극합니다. 맛있는 것은 미각을 자극하고, 좋은 향기는 후각을 자극하며, 감촉이 다른 여러 가지 물건은 촉각을 자극합니다. 오감을 자극하는 것은 감동하는 것과 연결됩니다. 그런 의미로 우리의 오감을 가장 종합적으로 자극하는 것은 예술이라고 할 수 있습니다.

평소에 전시회나 연극을 보러 가는 등 문화생활을 즐기면 자연히 면역력이 높아집니다.

일반적으로 우리는 병이 나면 몸 어딘가에 문제가 있다고 간주해버립니다.

하지만 이는 사실과 다릅니다. 병은 그때까지의 잘못된 생활태도가 몸에 표출되는 것이지, 몸에 문제가 있기 때문에 걸리는 게 아니며, 병이란 결국 우리의 생활 태도에 문제가 있음을 알려주기 위한 신호로 보아야 합니다. 그럼에도 이것을 약이나 수술만으로 고치려드는 것은 그야말로 어리석음의 극치일 것입니다.

근본적으로 병이 나기 전까지의 생활태도를 개선하지 않고서는 병은 낫지 않기 때문입니다.

한 예로 암을 면역력만으로 스스로 치유한 사람들이 적잖은데, 이들의 공통점은 병에 감사하는 정도의 경지에 도달했다는 점입니다.

이는 병이 생활태도를 개선할 동기가 되어주었기 때문일 것입니다.

Q : 질병을 예방하는 가장 좋은 방법은 무엇일까요?

A : 앞서도 강조했지만 질병은 면역력과 긴밀한 연관이 있습니다.

따라서 질병을 예방하려면 무엇보다도 평소 자신의 면역력이 충분한지, 병에 걸리지 않을 만큼 적절한 생활을 하고 있는지를 점검해봐야 합니다.

이 점검에 도움이 되는 다음 사항들을 체크해서 스스로 어느 정도의 면역력을 가지고 있는지 살펴봅시다.

1) 평소 일의 양이 너무 많지는 않은가?

2) 수면 시간은 충분한가?

3) 술을 너무 많이 마시지는 않는가?

4) 마음고생이 심하지 않은가?

5) 진통제를 장기간 복용하고 있지 않은가?

6) 특별한 취미가 있는가?

7) 매일 체조나 운동을 하고 있는가?

사실 이 모든 항목에 하나도 걸리지 않는 사람은 없을 것입니다.

 그러나 심각한 질병을 예방하는 것은 사실상 그리 어려운 것만도 아닙니다. 면역력을 저하시키는 요인으로는 남성의 경우는 과로, 여성은 고민, 노인은 운동 부족이 대표적으로 꼽히고 있습니다.

 나아가 흔히 건강을 유지하기 위해서는 영양을 충분히 섭취하는 것이 제일이라고 하지만, 사실은 항상 몸을 움직이는 게 음식보다 더 중요하다는 점을 말씀드리고 싶습니다. 특히 젊을 때는 본인도 모르는 사이에 몸을 움직이고 있기 때문에 운동 부족이 그리 문제가 되지 않지만, 나이가 들면 움직이는 것이 점점 힘들어지기 때문에 자연히 몸을 움직이지 않게 됩니다.

 따라서 젊을 때부터 운동이나 체조에 신경을 써서 하루에 10분 정도라도 좋으니 운동을 꾸준히 하는 습관을 들이는 것이 매우 중요합니다.

당영양소를 섭취하고 있는 사람들에게 궁금한 이슈는 섭취 양과 기간일 것이다. 당영양소는 약이 아니라 식품이다. 질환을 갖고 있는 입장에서 보면 단기간 내 효능이 나타나기를 기다리는 것은 무리가 아니다.

그러나 당영양소는 치료제가 아니라, 우리 몸이 스스로 치유할 수 있는 면역력을 조절하고 무너진 균형의 복원을 지원하는 영양소이다. 다시 한 번 당영양소가 어떤 메커니즘으로 우리 세포를 건강하게 하는가에 대한 사실을 상기할 필요가 있다.

대부분 식품은 특별한 목적을 두고 섭취하는 것이 아니기 때문에 특정한 영양분을 가감하거나 인체의 특정 기관을 타깃으로 섭취하지 않는다. 포괄적 섭취로 특정한 역할을 기대하는 것이다.

그러나 기능성건강식품은 일반 식품보다는 구체적 목표를 두고 섭취하는 영양식품이다. 당영양소는 세포의 건강부터 시작하여 특정한 기관, 조직 등 인체 전반에 기여할 것을 목표로 제공되는 영양보충제이다.

제조에서 사용되는 용어 중에 리드타임(Lead time)이라는 용어가 있다. 상품 생산부터 완성까지 걸리는 시간을 의미하는데, 이 개념을 영양소의 출발점과 목적에 이르는 과정에도 그대로 적용해볼 수 있다.

즉, 제품을 섭취하면 이 영양소는 두 가지 경로로 우리 인체에 흡수된다. 하나는 응급백업 시스템의 활성을 위하여 소장으로부터 혈관에 직접 이르게 하는 짧은 리드타임의 경로와 장에 이르러 분해되며 흡수되어 간에 이르러 다시 단당으로 분해되고 올리고당을 형성하는 다양하고 복잡하고 긴 리드타임의 경로이다.

어느 과정을 통하던 일부 단당은 특정한 기능을 하고 효능을 발휘하기도 하지만 거의 모든 당영양소는 세포의 당화로 시작되는 당단백질의 생합성과정을 거쳐 주어진 목적을 수행하게 된다.

우리 인체를 구성하는 60~100조개에 이르는 세포를 당화시키기 위하여 다량의 당영양소가 섭취되어야 한다는 사실을 이제는 이해할 수 있을 것이다. 또한 세포생명의 주기에 따라 많은 양의 세포가 사멸되고 새로운 세포로 대체된다는 사실을 고려하면 단순한 세포의 당화에 필요한 양의 훨씬 넘는 양이 섭취되어야 한다는 사실은 더 쉽게 이해될 것이다.

더욱이 질환을 갖고 있는 사람들은 그들의 인체 스스로가 치유를 위한 방어와 공격으로 더 많은 세포가 소멸되고 손상을 입게 되는 만큼 더 많은 당영양소가 필요하다.

쉽게 정리하면, 리드타임을 줄이기 위하여 단당을 위주로 구성한 영양소도 있다.

그러다 복합당인 당영양소가 흡수되고 그 기능을 하기위

에 걸리는 시간, 이러한 변환과정에도 여전히 세포는 정상 작동이 되어야 하고, 사멸된 세포를 새로운 세포로 대체하는 과정, 당화과정 등을 고려하면 상당한 양의 당영양소 공급이 유지되어야 한다.

그리고 질환에 대응하는 우리인체의 능력을 극대화 하기 위해서는 많은 양은 물론, 비정상적인 상황을 반전시켜 호전되도록 하고 그것을 유지하기 위해서는 많은 시간이 걸릴 것이다.

이는 당영양소를 무제한 양, 무기한 섭취해야 한다는 의미가 아니라, 조급하게 기대하지 않고 적절한 양과 개선에 소요되는 시간을 염두에 두어야 한다는 의미다.

증상이나 반응을 억제하는 약의 속효성과 달리 영양소는 특히 당영양소는 세포가 필요한 만큼 충분하게 갖추면서 교정적인 수리복구 과정을 통해 좋아지게 된다.

이들의 발현에는 소요시간이 있기 마련이고 인내심 또한 필수적이다.

왜냐하면 자신이 의식적으로 무엇을 느낄 수 없는 가운데서도 긍정적인 변화가 시작될 수 있기 때문이다.

참고 도서 및 문헌자료

「하퍼 생화학; Harper's Illustrated Biochemistry, 28th Edition」로버트 머레이 박사

「세포의 반란」로버트와인버그 지음/ 조혜성, 안성민 옮김/사이언스북스

「우리가족 독소주의보」니나 베이커 지음/최지아 옮김/아주좋은날

「뉴톤 하이라이트」뉴턴코리아/(주)뉴턴사이언스

「의사가 알려주는 당 영양소 이야기」레이번 고엔M.D

「생로병사의 비밀을 푼다」팜프렛 자료

「사람의 몸에는 100명의 의사가 산다」서재걸

「proceedings 誌」2009년 12월27일/science 誌 게재자료

「glycoscience&nutrition」www.usa.glycoscience.com

「글리코영양소」김상태,김성동,정윤성,김종길,신효상,윤건선/잡지 및 인터뷰 칼럼 등

내게 어떤 사업 지원 자료가 필요할까?

이 질문에 대한 대답은 '사업진행에 따라서 다릅니다' 입니다!

그것은 여러분이 얼마나 큰 네트워크를 얼마나 빨리 이루고자 하느냐에 따라 달라집니다. 네트워크 사업은 여러분이 생각하시는 것처럼 한가지로 정해져 있는 것이 아닙니다.

물론 그동안의 경험을 통해서 우리는 여러분이 성공을 향해 나아가는 데 있어서 우선적으로 중요하게 생각해야 하는 내용이나 기술이 어떤 것들인지 알려 드릴 수 있습니다. 많이 아는 만큼 사업진행도 좋아지는 동시에 자신감도 생길 수 있기 때문에, 지식을 쌓는 것은 무엇보다도 중요합니다.

여러분이 네트워크 사업을 진지하게 생각하면서 전문가가 되고 싶어 하신다면, 처음부터 제대로 된 사업지원 자료(TOOL)를 가지고 시작하셔야 합니다.

시작 단계에서 올바른 결정을 내리신다면 더욱 효율적이고 효과적으로 사업을 하실 수 있을 뿐 아니라 다른 사람들도 여러분이 하시는 그대로 따라 하게 될 것이기 때문에, 장기적으로 보면 시간과 돈을 절약하는 것이 됩니다.

다음 장에서 제시되어 있는 것은, 여러분이 가장 효과적으로 사업을 진행하실 수 있도록 추천해드리는 '툴' 의 목록입니다.

건강이 보이는 건강 지혜를 한권의 책 속에서 찾아보자!

도서구입 및 문의 : 대표전화 0505-627-9784

⇨ 내 몸을 살리는 시리즈는 계속 출간 됩니다.

독자 여러분의 소중한 원고를 기다립니다

독자 여러분의 소중한 원고를 기다리고 있습니다.
집필을 끝냈거나 혹은 집필 중인 원고가 있으신 분은
moabooks@hanmail.net으로 원고의
간단한 기획의도와 개요, 연락처 등과 함께 보내주시면
최대한 빨리 검토 후 연락드리겠습니다.
머뭇거리지 마시고 언제라도
모아북스 편집부의 문을 두드리시면
반갑게 맞이하겠습니다.